Rupesh Kumar Tipu

Dominar o processamento de linguagem natural comTransformadores

AF525386

Rupesh Kumar Tipu

Dominar o processamento de linguagem natural comTransformadores

ScienciaScripts

Imprint
Any brand names and product names mentioned in this book are subject to trademark, brand or patent protection and are trademarks or registered trademarks of their respective holders. The use of brand names, product names, common names, trade names, product descriptions etc. even without a particular marking in this work is in no way to be construed to mean that such names may be regarded as unrestricted in respect of trademark and brand protection legislation and could thus be used by anyone.

Cover image: www.ingimage.com

This book is a translation from the original published under ISBN 978-620-7-80814-4.

Publisher:
Sciencia Scripts
is a trademark of
Dodo Books Indian Ocean Ltd. and OmniScriptum S.R.L publishing group

120 High Road, East Finchley, London, N2 9ED, United Kingdom
Str. Armeneasca 28/1, office 1, Chisinau MD-2012, Republic of Moldova, Europe
Printed at: see last page
ISBN: 978-620-7-86089-0

Copyright © Rupesh Kumar Tipu
Copyright © 2024 Dodo Books Indian Ocean Ltd. and OmniScriptum S.R.L publishing group

Dominar o processamento de linguagem natural com transformadores

A

Livro

Por

Rupesh Kumar Tipu

Escola de Engenharia e Tecnologia
K. R. Mangalam University
Sohna, Gurugram, Haryana, Índia

Índice

Prefácio

Bem-vindo ao livro "Mastering Natural Language Processing with Transformers". Este livro foi concebido para ser um guia completo para qualquer pessoa interessada em compreender e aplicar modelos de Transformers no domínio do Processamento de Linguagem Natural (PLN). Os transformadores revolucionaram a forma como abordamos as tarefas de PNL, introduzindo mecanismos poderosos para captar relações e dependências contextuais em dados linguísticos.

Porquê este livro?

Nos últimos anos, os modelos Transformer, como o BERT, o GPT e as suas variantes, alcançaram um sucesso notável numa vasta gama de aplicações de PNL, desde a tradução de línguas e análise de sentimentos até à geração e sumarização de textos. Apesar da sua adoção generalizada, compreender e utilizar eficazmente estes modelos pode ser um desafio devido à sua arquitetura complexa e às suas nuances de implementação.

Este livro tem como objetivo colmatar esta lacuna, fornecendo explicações claras, exemplos práticos e tutoriais práticos que guiam os leitores através dos fundamentos dos Transformers e das suas aplicações na PNL. Quer seja um investigador, um programador ou um profissional da área, este livro equipá-lo-á com os conhecimentos e as competências necessárias para aproveitar todo o potencial das abordagens baseadas em Transformers.

O que vai aprender

Ao ler este livro, irá:

- Obter uma sólida compreensão dos princípios subjacentes e da arquitetura dos modelos Transformer.
- Explore várias tarefas de PNL que podem ser tratadas com Transformers, incluindo classificação de texto, geração de sequências e muito mais.
- Saiba como implementar e ajustar os modelos do Transformer para tarefas específicas utilizando estruturas populares como o TensorFlow e o PyTorch.
- Descubra aplicações reais de Transformers em diferentes sectores e domínios,

incluindo cuidados de saúde, finanças e serviço ao cliente.

- Considerar as considerações éticas e as melhores práticas aquando da implementação de modelos Transformer em aplicações práticas.

Estrutura do livro

Este livro está organizado em vários capítulos que cobrem progressivamente os seguintes tópicos:

1. Introdução ao processamento de linguagem natural
2. Fundamentos dos Transformadores
3. Preparação de dados para tarefas de PNL
4. Compreender a aprendizagem por transferência com transformadores
5. Arquitecturas avançadas de transformadores
6. Melhorar o desempenho do modelo
7. Aplicações dos transformadores em PNL
8. Considerações éticas na PNL com Transformers
9. Tendências futuras em PNL e transformadores
10. Estudos de casos e implementações práticas
11. Conclusão e direcções futuras

Cada capítulo fornece um mergulho profundo no respetivo tópico, apoiado por trechos de código, tabelas e explicações detalhadas. Quer seja novo nos Transformers ou esteja a tentar aprofundar os seus conhecimentos, este livro foi concebido para ser um recurso valioso para dominar a PNL com modelos Transformer.

Quem deve ler este livro

Este livro é adequado para:

- Investigadores e académicos interessados em aprofundar os seus conhecimentos sobre modelos Transformer em PNL.
- Cientistas de dados e profissionais de aprendizagem automática que procuram aplicar técnicas de ponta a problemas reais de PNL.
- Programadores e engenheiros encarregados de implementar soluções de PNL

utilizando arquitecturas baseadas no Transformer.

- Estudantes e educadores que procuram um guia completo para compreender e ensinar os modelos Transformer nos cursos de PNL.

Como utilizar este livro

Cada capítulo está estruturado de forma a fornecer fundamentos teóricos seguidos de exemplos práticos de implementação. Trechos de código e tabelas são usados extensivamente para ilustrar conceitos e metodologias importantes. Os leitores são encorajados a seguir os exemplos fornecidos, a experimentar o código e a adaptar as técnicas aos seus próprios projectos e aplicações.

Agradecimentos

A redação de um livro com este alcance e profundidade não teria sido possível sem o apoio e as contribuições de muitas pessoas. Gostaria de expressar a minha sincera gratidão a [Os agradecimentos vão aqui].

Feedback

O seu feedback é valioso! Se tiver quaisquer comentários, sugestões ou perguntas durante a leitura deste livro, não hesite em contactar-me por correio eletrónico para [O seu endereço de correio eletrónico].

Obrigado por embarcar nesta viagem para dominar o Processamento de Linguagem Natural com Transformers. Espero que este livro seja informativo, prático e inspirador.

Rupesh Kumar

junho de 2024

Capítulo 1 : Introdução ao processamento de linguagem natural

O Processamento de Linguagem Natural (PNL) situa-se na intersecção da inteligência artificial, da informática, da linguística e da psicologia cognitiva. O seu principal objetivo é permitir que as máquinas compreendam, interpretem e gerem linguagem humana de uma forma significativa e útil. Ao longo dos anos, a PNL evoluiu tremendamente, impulsionada pelos avanços na aprendizagem profunda, nomeadamente através de modelos baseados em transformadores.

1.1 O que é a PNL?

N LP refere-se à capacidade de os computadores interagirem com os seres humanos utilizando a linguagem natural. Abrange um vasto espetro de tarefas, que vão desde tarefas simples como a etiquetagem de parte do discurso e a análise sintáctica até tarefas complexas como a tradução automática, a análise de sentimentos, o reconhecimento de entidades nomeadas e a resposta a perguntas. Estas tarefas permitem às máquinas processar e compreender a linguagem humana, fazendo a ponte entre a comunicação humana e a compreensão computacional.

1.2 Evolução e importância da PNL

A evolução da PNL pode ser rastreada desde os primeiros sistemas baseados em regras e modelos estatísticos até ao atual domínio das arquitecturas de aprendizagem profunda, em especial os modelos Transformer. Historicamente, as abordagens baseadas em regras baseavam-se em regras linguísticas predefinidas, enquanto os modelos estatísticos utilizavam técnicas probabilísticas para inferir o significado dos dados linguísticos. No entanto, o grande avanço veio com os Transformers, introduzidos por Vaswani et al. (2017), que empregam mecanismos de auto-atenção para capturar dependências entre palavras numa sequência. Esta inovação arquitetónica melhorou significativamente a capacidade dos modelos para lidar com dependências de longo alcance e alcançar um desempenho de ponta em várias tarefas de PNL.

1.3 Aplicações da PNL em vários sectores

A PNL revolucionou numerosos sectores, automatizando tarefas que tradicionalmente exigiam uma compreensão da linguagem a nível humano. No sector da saúde, a PNL é fundamental na análise de documentos clínicos, na extração de informações sobre os doentes dos registos médicos e no apoio à tomada de decisões de diagnóstico. No sector financeiro, potencia a análise de sentimentos para algoritmos de negociação de acções, detecta actividades fraudulentas através da extração de texto e melhora o serviço de apoio ao cliente com chatbots inteligentes capazes de compreender e responder às questões dos clientes. As plataformas de comércio eletrónico utilizam a PNL para melhorar a relevância da pesquisa, recomendar produtos com base nas preferências do utilizador e otimizar as interacções de apoio ao cliente. Do mesmo modo, na educação, a PNL facilita experiências de aprendizagem personalizadas através de sistemas de tutoria inteligentes e automatiza os processos de classificação, fornecendo feedback atempado aos alunos.

Tabela 1.1: Aplicações da PNL em vários sectores

Industry	**Applications**
Healthcare	Clinical NLP, Medical Record Analysis
Finance	Sentiment Analysis, Fraud Detection
E-commerce	Search Optimization, Customer Support
Education	Intelligent Tutoring Systems, Automated Grading

Em conclusão, a PNL representa uma área fundamental de investigação e aplicação na IA moderna, permitindo às máquinas processar, compreender e gerar linguagem humana com precisão e sofisticação crescentes. Este capítulo apresentou uma panorâmica da definição de PNL, da sua evolução impulsionada pelos modelos Transformer e do seu impacto transformador em sectores-chave, sublinhando a sua importância na definição do futuro da inteligência artificial.

Capítulo 2 : Fundamentos dos Transformadores

2.1 Noções básicas de arquitetura de transformadores

Os Transformers representam um avanço significativo no processamento da linguagem natural (PNL) e na aprendizagem automática. Ao contrário das redes neurais recorrentes tradicionais (RNNs) e das redes neurais convolucionais (CNNs), os Transformers dependem inteiramente de mecanismos de auto-atenção para capturar relações entre palavras numa sequência. Esta arquitetura foi introduzida por Vaswani et al. (2017) no artigo seminal "Attention is All You Need", marcando uma mudança de paradigma na modelação de sequências.

2.1.1 Componentes do transformador

Na sua essência, um modelo Transformer inclui vários componentes essenciais:

- **Mecanismo de auto-atenção**: Este mecanismo permite que o modelo pondere o significado de cada palavra no contexto de toda a sequência de entrada. Calcula as pontuações de atenção entre todos os pares de palavras numa sequência, produzindo representações conscientes do contexto para cada palavra.
- **Atenção multi-cabeças**: Para melhorar as capacidades de aprendizagem, os Transformers utilizam a atenção multi-cabeças, em que o mecanismo de auto-atenção funciona várias vezes em paralelo. Cada cabeça de atenção aprende diferentes aspectos das relações entre palavras, fornecendo representações mais ricas.
- **Redes neurais feedforward (FFNN)**: Depois de obter representações contextualizadas através de mecanismos de atenção, os Transformers empregam FFNNs para processar e transformar essas representações, incorporando não-linearidades e aumentando a expressividade do modelo.
- **Normalização de camadas e conexões residuais**: Para estabilizar o treinamento e facilitar o fluxo de gradiente, os Transformers utilizam a normalização de camadas e conexões residuais. Estas técnicas atenuam problemas como o desaparecimento de gradientes e aceleram a convergência durante o treino.

2.1.2 Mecanismo de auto-atenção

O mecanismo de auto-atenção em Transformers calcula as pontuações de atenção comparando cada palavra numa sequência $X = \{x_1, x_2, \ldots, x_n\}$ com todas as outras palavras:

$$\text{Attention}(Q,K,V) = \text{softmax}\left(\frac{QK^T}{\sqrt{d_k}}\right)V$$

onde:

- *Q, K, V* são matrizes derivadas de *X*, representando consultas, chaves e valores, respetivamente.

- d_k é a dimensionalidade dos vectores de chaves *K*.

- softmax calcula a função softmax nas linhas, garantindo que os pesos de atenção somam 1.

2.1.3 Variantes do transformador

Desde a sua criação, os Transformers evoluíram para diversas variantes adaptadas a tarefas específicas de PNL:

- **BERT (Bidirectional Encoder Representations from Transformers)**: Introduzido por Devlin et al. (2018), o BERT pré-treina Transformers em grandes corpora de texto de forma bidirecional, alcançando resultados de ponta em vários benchmarks de PNL.

- **GPT (Generative Pre-trained Transformer)**: Desenvolvido pela OpenAI, o GPT centra-se na geração de texto com base em pedidos de entrada. Utiliza uma arquitetura apenas de descodificador e tem sido influente em tarefas de geração de linguagem natural.

- **T5 (Transformador de Transferência Texto-Texto)**: Introduzido por Raffel et al. (2020), o T5 adopta uma estrutura unificada de texto para texto em que todas as tarefas de PNL são formuladas como tarefas de geração de texto. Esta abordagem simplifica a formação de modelos e os processos de afinação.

- **Transformer-XL**: Ao abordar a questão das dependências de longo alcance, o Transformer-XL (Dai et al., 2019) introduz mecanismos de recorrência na arquitetura do Transformer, permitindo-lhe tratar sequências mais longas de forma mais eficaz.

Em resumo, os transformadores representam uma pedra angular da PNL moderna, tirando partido dos mecanismos de atenção e das arquitecturas inovadoras para obter um desempenho notável em várias tarefas de compreensão e geração de linguagem. Este capítulo apresentou uma visão geral da arquitetura dos Transformadores, componentes-chave como a auto-atenção e as FFNNs, e variantes populares como o BERT, o GPT, o T5 e o Transformer-XL.

Capítulo 3 : Preparação de dados para tarefas de PNL

No processamento de linguagem natural (PNL), a preparação de dados desempenha um papel crucial para garantir a eficácia e eficiência dos modelos de aprendizagem automática. Este capítulo explora técnicas essenciais para o pré-processamento de dados, a tokenização e a incorporação, e o tratamento de grandes conjuntos de dados.

3.1 Técnicas de pré-processamento de texto

O pré-processamento de texto envolve a limpeza e a transformação de dados de texto em bruto num formato adequado para tarefas de PNL. As técnicas mais comuns incluem:

- **Minúsculas**: Converter todo o texto em minúsculas para uniformizar as palavras (por exemplo, "Olá" -¿ "olá").
- **Remoção de ruído**: Eliminação de caracteres indesejados, como sinais de pontuação, símbolos especiais e dígitos numéricos.
- **Tokenização**: Segmentação do texto em tokens individuais (palavras, subpalavras ou caracteres) para análise posterior.
- **Remoção de palavras de paragem**: Filtragem de palavras comuns (por exemplo, "o", "é", "e") que não contribuem com um significado significativo para as tarefas de análise de texto.
- **Estamização e lematização**: Reduzir as palavras às suas formas de raiz (stemming) ou formas canónicas (lemmatization) para normalizar as variações do texto.

3.2 Tokenização e incorporação

A tokenização é o processo de dividir o texto em unidades com significado, como palavras ou subpalavras, que são essenciais para tarefas de PNL a jusante. Os Embeddings, por outro lado, representam palavras ou tokens como vectores densos num espaço vetorial contínuo, captando as relações semânticas entre eles.

3.2.1 Exemplo de implementação utilizando Python e NLTK

Vamos ilustrar a tokenização e os embeddings usando a biblioteca NLTK do Python:

```
import nltk
from nltk.tokenize import word_tokenize
from nltk.corpus import stopwords
from nltk.stem import PorterStemmer
from nltk.stem import WordNetLemmatizer

# Sample text for demonstration
text = "Natural language processing (NLP) is a subfield of artificial intelligence."

# Tokenization
tokens = word_tokenize(text.lower())

# Stopword removal
stop_words = set(stopwords.words('english'))
filtered_tokens = [token for token in tokens if token not in stop_words]

# Stemming and Lemmatization
porter = PorterStemmer()
stemmed_tokens = [porter.stem(token) for token in filtered_tokens]

lemmatizer = WordNetLemmatizer()
lemmatized_tokens = [lemmatizer.lemmatize(token) for token in filtered_tokens]

print("Original Text:", text)
print("Tokenized Text:", tokens)
print("Filtered Text (Stopword Removed):", filtered_tokens)
print("Stemmed Text:", stemmed_tokens)
print("Lemmatized Text:", lemmatized_tokens)
```

3.3 Tratamento de grandes conjuntos de dados

No domínio da PNL, os conjuntos de dados podem ser vastos e difíceis de gerir. As estratégias eficazes para lidar com grandes conjuntos de dados incluem:

- **Fluxo de dados**: Processamento de dados em partes mais pequenas e geríveis, em vez de carregar conjuntos de dados inteiros na memória.
- **Processamento paralelo**: Utilização de técnicas de computação paralela para distribuir tarefas de processamento por vários núcleos ou máquinas.

- **Partição de dados**: Dividir conjuntos de dados em subconjuntos com base em critérios específicos (por exemplo, períodos de tempo, regiões geográficas) para um processamento eficiente.
- **Amostragem de dados**: Extração de amostras representativas de grandes conjuntos de dados para reduzir a carga computacional durante a formação e avaliação do modelo.

Em resumo, a preparação eficaz dos dados é fundamental para o êxito das tarefas de PLN. Este capítulo explorou técnicas essenciais, como o pré-processamento de texto, a tokenização e a incorporação, e estratégias para lidar com grandes conjuntos de dados. O exemplo de implementação fornecido demonstra como estas técnicas podem ser aplicadas utilizando a biblioteca Python e NLTK para aplicações práticas de PNL.

Capítulo 4 : Compreender a aprendizagem por transferência com transformadores

A aprendizagem por transferência surgiu como uma técnica poderosa no Processamento de Linguagem Natural (PLN), aproveitando modelos de Transformadores pré-treinados para melhorar o desempenho em tarefas específicas. Este capítulo explora os conceitos fundamentais da aprendizagem por transferência em PNL, as estratégias para afinar os Transformers e as armadilhas e melhores práticas essenciais para otimizar o desempenho do modelo.

A aprendizagem por transferência com Transformers tornou-se uma pedra angular no processamento de linguagem natural (PNL), permitindo que os modelos aproveitem o conhecimento pré-treinado para várias tarefas. Este capítulo analisa os conceitos de aprendizagem por transferência, as estratégias de afinação e as melhores práticas.

4.1 Conceitos de aprendizagem por transferência na PNL

A aprendizagem por transferência envolve o pré-treino de um modelo num grande conjunto de dados e o seu aperfeiçoamento numa tarefa específica com um conjunto de dados mais pequeno. Esta abordagem aproveita a compreensão geral da linguagem codificada durante a pré-treino para melhorar o desempenho em tarefas posteriores. Os conceitos-chave incluem:

- **Pré-treino**: Treinar um modelo num grande corpus utilizando objectivos de aprendizagem não supervisionada, como a modelação de linguagem ou a modelação de linguagem mascarada.
- **Afinação**: Adaptar o modelo pré-treinado a uma tarefa específica, actualizando os seus parâmetros num conjunto de dados específico da tarefa com aprendizagem supervisionada.
- **Adaptação ao domínio**: Modificar um modelo pré-treinado para ter um bom desempenho em dados de um domínio diferente daquele em que foi originalmente treinado.

4.2 Transformadores de ajuste fino para tarefas específicas

O ajuste fino dos Transformers envolve vários passos para adaptar um modelo pré-treinado a uma tarefa específica de PNL. Eis um exemplo de afinação do BERT para análise de sentimentos:

4.2.1 Exemplo de implementação utilizando transformadores de faces de abraço

Vamos afinar o BERT para análise de sentimentos utilizando a biblioteca Hugging Face Transformers:

```python
from transformers import BertTokenizer, BertForSequenceClassification, Trainer, TrainingArguments
import torch

# Load pre-trained BERT model and tokenizer
tokenizer = BertTokenizer.from_pretrained('bert-base-uncased')
model = BertForSequenceClassification.from_pretrained('bert-base-uncased')

# Example dataset for sentiment analysis
train_texts = ["I love this product!", "This movie was terrible."]
train_labels = [1, 0]  # 1 for positive, 0 for negative sentiment

# Tokenize inputs
train_encodings = tokenizer(train_texts, truncation=True, padding=True)

# Convert labels to tensor
train_labels = torch.tensor(train_labels)

# Define Trainer and TrainingArguments
training_args = TrainingArguments(
    per_device_train_batch_size=2,
    num_train_epochs=3,
    logging_dir='./logs',
)

trainer = Trainer(
    model=model,
    args=training_args,
    train_dataset=train_encodings,
    train_labels=train_labels
)

# Fine-tune BERT
trainer.train()
```

4.3 Armadilhas e boas práticas da aprendizagem por transferência

Embora a aprendizagem por transferência com os Transformers ofereça benefícios substanciais, devem ser consideradas várias armadilhas e boas práticas:

- **Sobreajuste**: O ajuste fino num conjunto de dados pequeno pode levar a um sobreajuste. As técnicas de regularização, como o dropout, podem atenuar este problema.
- **Aprendizagem específica da tarefa**: O ajuste das taxas de aprendizagem e dos tamanhos dos lotes com base no conjunto de dados específico da tarefa pode melhorar o desempenho.
- **Métricas de avaliação**: A seleção de métricas de avaliação adequadas e adaptadas à tarefa é crucial para avaliar com precisão o desempenho do modelo.
- **Seleção de modelos**: É essencial escolher o modelo pré-treinado correto e a estratégia de afinação com base nos requisitos da tarefa e nos recursos computacionais.

4.4 Conceitos de aprendizagem por transferência na PNL

A aprendizagem por transferência em PNL envolve o aproveitamento dos conhecimentos adquiridos com o pré-treino de grandes modelos Transformer em vastos corpora e a aplicação desses conhecimentos a tarefas a jusante com dados rotulados limitados. Os conceitos-chave incluem:

- **Pré-treino**: Treinar modelos de transformação como o BERT ou o GPT em grandes corpora de texto para aprender representações linguísticas gerais.
- **Afinação**: Adaptação de modelos pré-treinados a tarefas específicas, actualizando os parâmetros do modelo em conjuntos de dados específicos da tarefa.
- **Adaptação ao domínio**: Modificar modelos pré-treinados para que tenham um bom desempenho em dados de diferentes domínios ou aplicações.

A Tabela 4.1 resume os principais conceitos de aprendizagem por transferência em PNL.

Tabela 4.1: Conceitos de aprendizagem por transferência em PNL

Concept	Description
Pre-training	Training large Transformer models on large text corpora to learn general language representations.
Fine-tuning	Adapting pre-trained models to specific tasks by updating model parameters on task-specific datasets.
Domain Adaptation	Modifying pre-trained models to perform well on data from different domains or applications.

4.3 Transformadores de ajuste fino para tarefas específicas

A afinação envolve o ajuste dos modelos pré-treinados do Transformer para que tenham um bom desempenho em tarefas específicas de PNL, como a análise de sentimentos, a classificação de textos ou a resposta a perguntas. As estratégias incluem:

- **Cabeçalho específico da** tarefa: Adicionar camadas específicas da tarefa (por exemplo, camada de classificação) sobre os resultados pré-treinados do Transformador.
- **Programação da taxa de aprendizagem**: Ajuste das taxas de aprendizagem durante o ajuste fino para estabilizar o treinamento e melhorar a convergência.
- **Paragem antecipada**: Monitorização do desempenho da validação para evitar o sobreajuste durante o ajuste fino.

4.4 Armadilhas e boas práticas da aprendizagem por transferência

Apesar dos seus benefícios, a aprendizagem por transferência na PNL apresenta desafios e considerações:

- **Sobreajuste**: O ajuste fino demasiado agressivo em dados limitados pode levar a um sobreajuste.
- **Incompatibilidade de domínios**: Os modelos treinados num domínio podem não se generalizar bem para outro domínio.
- **Qualidade dos dados**: Garantir dados rotulados de alta qualidade é crucial para um ajuste fino eficaz.

Os modelos baseados em transformadores revolucionaram o processamento de linguagem natural (PNL), alcançando resultados de última geração em várias tarefas. Este capítulo explora a arquitetura, com p onents, e aplicações dos modelos Transformer em PNL.

4.5 Introdução à arquitetura dos transformadores

A arquitetura Transformer, introduzida por Vaswani et al. (2017), baseia-se em mecanismos de auto-atenção, eliminando a necessidade de camadas recorrentes ou convolucionais. Isso permite que os Transformers capturem dependências de longo alcance em sequências de entrada de forma eficiente.

4.7.1 Componentes principais dos transformadores

Os transformadores são constituídos por vários componentes-chave:

- **Mecanismo de auto-atenção**: Permite que cada token na sequência de entrada atenda a todos os outros tokens, capturando as relações contextuais.
- **Estrutura codificador-descodificador**: Utilizada em tarefas de sequência para sequência, como a tradução automática, em que o codificador processa a entrada e o descodificador gera a saída.
- **Atenção a várias cabeças**: Melhora a capacidade do modelo de se concentrar em diferentes posições, cabeças e subespaços da entrada.
- **Redes neurais feedforward**: Aplicar transformações feedforward pontuais a cada posição separadamente e de forma idêntica.

4.8 BERT: Representações de codificadores bidireccionais a partir de transformadores

O BERT (Devlin et al., 2018) é um modelo baseado no Transformer pré-treinado em grandes corpora que utiliza modelação de linguagem mascarada e objectivos de previsão da frase seguinte. Foi ajustado para várias tarefas de PNL a jusante, alcançando melhorias significativas de desempenho.

4.8.1 Exemplo de implementação utilizando a biblioteca de transformadores de faces de abraços

Vamos ilustrar o ajuste fino do BERT para análise de sentimentos utilizando a biblioteca Hugging Face Transformers em Python:

```
from transformers import BertTokenizer, BertForSequenceClassification
import torch

# Load pre-trained BERT model and tokenizer
tokenizer = BertTokenizer.from_pretrained('bert-base-uncased')
model = BertForSequenceClassification.from_pretrained('bert-base-uncased')

# Example text and labels
texts = ["I love this product!", "This movie was terrible."]
labels = [1, 0]  # 1 for positive, 0 for negative sentiment

# Tokenize inputs
inputs = tokenizer(texts, padding=True, truncation=True, return_tensors="pt")

# Prepare labels
labels = torch.tensor(labels).unsqueeze(0)  # Batch size 1

# Forward pass through BERT
outputs = model(**inputs, labels=labels)
loss = outputs.loss
logits = outputs.logits

print("Loss:", loss.item())
print("Logits:", logits)
```

4.9 Aplicações de modelos de transformação em PNL

Os modelos de transformadores como o BERT foram aplicados a várias tarefas de PNL:

- **Reconhecimento de entidades nomeadas (NER)**: Identificar e classificar entidades nomeadas num texto.
- **Resposta a perguntas (QA)**: Fornecer respostas precisas às perguntas dos utilizadores com base no contexto.
- **Classificação de texto**: Categorização de texto em classes predefinidas (por exemplo, análise de sentimentos, classificação de tópicos).
- **Geração de linguagem**: Geração de textos coerentes com base em sugestões ou contextos.

Em resumo, os modelos baseados em Transformers fizeram avançar significativamente a PNL, tirando partido de mecanismos de auto-atenção para captar relações contextuais no texto. Este capítulo explorou a arquitetura dos transformadores, discutiu o BERT como um exemplo proeminente e forneceu um exemplo de implementação utilizando a biblioteca Hugging Face Transformers para análise de sentimentos.

As melhores práticas incluem a utilização de pré-treino em grande escala, a seleção cuidadosa de conjuntos de dados específicos da tarefa e a monitorização atenta das métricas de desempenho durante o ajuste fino.

Em resumo, a aprendizagem por transferência com Transformers oferece benefícios substanciais para as tarefas de PNL, aproveitando eficazmente os modelos pré-treinados. Este capítulo abordou os conceitos essenciais, as estratégias de afinação e as melhores práticas para otimizar o desempenho, ao mesmo tempo que aborda as armadilhas comuns.

Capítulo 5 : Arquitecturas avançadas de transformadores

As arquitecturas avançadas de transformadores expandiram as capacidades do Processamento de Linguagem Natural (PLN), permitindo um desempenho de ponta em tarefas como a classificação de sequências, a geração de sequências e a resposta a perguntas. Este capítulo explora modelos baseados em Transformadores concebidos especificamente para estas tarefas e os seus mecanismos subjacentes.

5.1 Modelos baseados em transformadores para classificação de sequências

S tarefas de classificação de sequências envolvem a atribuição de um único rótulo a uma sequência inteira de tokens. Os modelos baseados em transformadores destacam-se nesta área devido à sua capacidade de captar eficazmente a informação contextual. Os exemplos incluem: Este capítulo explora arquitecturas avançadas de Transformadores adaptadas a tarefas específicas de PLN, incluindo classificação de sequências, geração de sequências e resposta a perguntas.

5.2 Modelos baseados em transformadores para classificação de sequências

As tarefas de classificação de sequências envolvem a atribuição de um único rótulo a uma sequência inteira. Os transformadores podem tratar eficazmente essas tarefas utilizando o estado oculto final ou empregando mecanismos adicionais como o agrupamento.

5.2.1 BERT para classificação de sequências

O BERT (Bidirectional Encoder Representations from Transformers) é um modelo proeminente para a classificação de sequências. Utiliza um objetivo de modelação de linguagem mascarada durante a pré-treino e uma camada de classificação específica da tarefa para afinação.

Exemplo de implementação utilizando transformadores de faces de abraço

Eis um exemplo de utilização do BERT para classificação de sequências utilizando a biblioteca Hugging Face Transformers:

```python
from transformers import BertTokenizer, BertForSequenceClassification,
    Trainer, TrainingArguments
import torch

# Load pre-trained BERT model and tokenizer
tokenizer = BertTokenizer.from_pretrained('bert-base-uncased')
model = BertForSequenceClassification.from_pretrained('bert-base-uncased')

# Example dataset for sequence classification
train_texts = ["This movie is great!", "The product is not satisfactory."]
train_labels = [1, 0]  # 1 for positive, 0 for negative sentiment

# Tokenize inputs
train_encodings = tokenizer(train_texts, truncation=True, padding=True)

# Convert labels to tensor
train_labels = torch.tensor(train_labels)

# Define Trainer and TrainingArguments
training_args = TrainingArguments(
    per_device_train_batch_size=2,
    num_train_epochs=3,
    logging_dir='./logs',
)

trainer = Trainer(
    model=model,
    args=training_args,
    train_dataset=train_encodings,
    train_labels=train_labels
)

# Fine-tune BERT for sequence classification
trainer.train()
```

5.3 Modelos baseados em transformadores para geração de sequências

As tarefas de geração de sequências envolvem a geração de uma sequência de tokens condicionada por uma entrada. Os transformadores, em particular os modelos auto-regressivos como o GPT, são amplamente utilizados para tarefas de geração de sequências, como a modelação de linguagem e a geração de texto.

5.3.1 GPT-3 para geração de sequências

O Generative Pre-trained Transformer 3 (GPT-3) é um modelo de última geração para a geração de sequências. Utiliza um mecanismo de descodificação auto-regressivo para gerar sequências com base no contexto de entrada.

Formulação matemática

O processo de geração no GPT-3 pode ser matematicamente formulado da seguinte forma:

Dada uma sequência de entrada $X = \{x_1, x_2, \ldots, x_n\}$, a GPT-3 calcula a distribuição de probabilidade sobre o próximo token x_{n+1} como:

$$P(x_{n+1}|X) = \text{softmax}(f_{\text{GPT}}(X))$$

em que f_{GPT} representa a função do modelo GPT-3.

5.4 Modelos baseados em transformadores para resposta a perguntas

As tarefas de resposta a perguntas (QA) consistem em dar respostas exactas a perguntas colocadas em linguagem natural. Os transformadores, com os seus mecanismos de atenção, são excelentes na captura de informações contextuais para GQ.

5.4.1 BERT para resposta a perguntas

O BERT pode ser adaptado a tarefas de resposta a perguntas utilizando o conjunto de dados SQuAD. Processa a pergunta e o contexto em conjunto para prever as posições de início e fim do intervalo de resposta.

Exemplo de implementação utilizando transformadores de faces de abraço

```python
from transformers import BertTokenizer, BertForQuestionAnswering, Trainer, TrainingArguments
import torch

# Load pre-trained BERT model and tokenizer
tokenizer = BertTokenizer.from_pretrained('bert-large-uncased-whole-word-masking-finetuned-squad')
```

```python
model = BertForQuestionAnswering.from_pretrained('bert-large-uncased-whole-word-masking-finetuned-squad')

# Example question and context
question = "What does BERT stand for?"
context = "BERT stands for Bidirectional Encoder Representations from Transformers."

# Tokenize inputs
inputs = tokenizer(question, context, add_special_tokens=True, return_tensors="pt")

# Get start and end logits
start_logits, end_logits = model(**inputs)

# Get the answer span
answer_start = torch.argmax(start_logits)
answer_end = torch.argmax(end_logits) + 1
answer = tokenizer.convert_tokens_to_string(tokenizer.convert_ids_to_tokens(inputs["input_ids"][0][answer_start:answer_end]))

print("Answer:", answer)
```

- **BERT (Bidirectional Encoder Representations from Transformers)**: Pré-treinado em grandes corpora, o BERT é ajustado para tarefas como análise de sentimentos, classificação de textos e inferência de linguagem natural.
- **RoBERTa (Robustly Optimized BERT)**: Uma variante do BERT com uma dinâmica de treino e desempenho melhorados em vários benchmarks de PNL.
- **XLNet**: Integra técnicas de modelação linguística autoregressiva e de permutação para captar eficazmente as dependências bidireccionais.

A Tabela 5.1 resume os modelos baseados em transformadores para tarefas de classificação de sequências.

5.5 Modelos baseados em transformadores para geração de seqüências

As tarefas de geração de sequências implicam a geração de texto coerente e contextualmente adequado com base em instruções de entrada. Os modelos baseados em transformadores demonstraram um desempenho notável em tarefas como:

Tabela 5.1: Modelos baseados em transformadores para classificação de sequências

Model	Description
BERT	Bidirectional model fine-tuned for tasks like sentiment analysis and text classification.
RoBERTa	Optimized variant of BERT with enhanced training dynamics and performance.
XLNet	Integrates autoregressive and permutation language modeling techniques.

- **GPT (Generative Pre-trained Transformer)**: Gera texto com base no contexto fornecido pelos tokens anteriores, útil para a geração de histórias, sistemas de diálogo e conclusão de texto.

- **T5 (Transformador de transferência de texto para texto)**: Estrutura unificada para várias tarefas de PNL, capaz de gerar texto a partir de diferentes formatos de entrada.

5.6 Modelos baseados em transformadores para resposta a perguntas

As tarefas de resposta a perguntas (QA) envolvem o fornecimento de respostas precisas a perguntas com base no contexto fornecido em passagens. Modelos baseados em transformadores como:

- **BERT**: aperfeiçoado para tarefas de controlo de qualidade, como a compreensão de leitura e a resposta a perguntas factuais.

- **XLNet**: Utiliza a modelação bidirecional da linguagem para melhorar a compreensão do contexto e melhorar o desempenho do controlo de qualidade.

A Tabela 5.2 resume os modelos baseados em Transformadores para tarefas de resposta a perguntas.

Tabela 5.2: Modelos baseados em transformadores para resposta a perguntas

Model	Description
BERT	Fine-tuned for reading comprehension and question answering tasks.
XLNet	Utilizes bidirectional language modeling for enhanced context understanding in QA.

Em suma, as arquitecturas avançadas de transformadores têm avançado significativamente as capacidades de PLN nas tarefas de classificação de sequências, geração de sequências e resposta a perguntas. Este capítulo abordou os principais modelos e as suas aplicações nestes domínios, destacando a sua eficácia e contribuições para a área.

Capítulo 6 : Melhorar o desempenho do modelo

Melhorar o desempenho do modelo é crucial nas tarefas de Processamento de Linguagem Natural (PLN) para obter resultados óptimos. Este capítulo explora aspectos fundamentais, tais como métricas de avaliação de modelos, técnicas para melhorar os modelos do Transformer e estratégias para a otimização de hiperparâmetros.

6.1 Métricas de avaliação de modelos

As métricas de avaliação de modelos são cruciais para avaliar o desempenho dos modelos Transformer em várias tarefas de PNL. As métricas mais comuns incluem a exatidão, a precisão, a recuperação, a pontuação F1, a perplexidade e a pontuação BLEU.

6.1.1 Pontuação BLEU

A pontuação BLEU (Bilingual Evaluation Understudy) é frequentemente utilizada para avaliar a qualidade do texto traduzido por máquina em relação a uma ou mais traduções de referência. Calcula a precisão dos n-gramas entre a tradução candidata e as traduções de referência.

Formulação matemática

Dada uma tradução candidata **c** e r traduções de referência $\{\mathbf{r}_1, \mathbf{r}_2, ..., \mathbf{r}_r\}$, a pontuação BLEU é calculada como:

$$\text{BLEU} = \text{BP} \times \exp\left(\sum_{n=1}^{N} \frac{1}{N} \sum_{\text{n-grams}} \text{count}_{\text{clip}}(\text{n-gram})\right)$$

onde BP é a penalidade de brevidade para penalizar traduções curtas, N é a ordem máxima de n-gramas considerados, e $\text{count}_{\text{clip}}$ (n-gram) é a contagem recortada de n-gramas.

6.2 Técnicas para melhorar os modelos de transformadores

Várias técnicas podem melhorar o desempenho dos modelos Transformer, incluindo estratégias de pré-treino, modificações arquitectónicas e técnicas de regularização como o abandono e a diminuição do peso.

6.2.1 Técnicas de regularização

Os métodos de regularização têm como objetivo evitar o sobreajuste e melhorar a generalização nos modelos Transformer.

Abandono

O dropout é uma técnica de regularização que deixa cair aleatoriamente os neurónios durante o treino para evitar que se co-adaptem demasiado.

```
import torch.nn as nn

# Example of using dropout in PyTorch
class TransformerModel(nn.Module):
    def __init__(self, dropout_prob=0.1):
        super(TransformerModel, self).__init__()
        self.dropout = nn.Dropout(dropout_prob)
        # Define other layers

    def forward(self, inputs):
        outputs = self.dropout(inputs)
        # Perform forward pass through other layers
        return outputs
```

6.2.2 Otimização de hiperparâmetros

A afinação de hiperparâmetros é essencial para otimizar o desempenho dos modelos do Transformer. As técnicas incluem pesquisa em grelha, pesquisa aleatória e otimização Bayesiana.

Otimização Bayesiana

A otimização Bayesiana é uma técnica de otimização sequencial baseada em modelos que utiliza modelos probabilísticos para orientar a procura de hiperparâmetros óptimos.

```
from bayes_opt import BayesianOptimization

# Example of using Bayesian optimization for hyperparameter tuning
```

```
def evaluate_model(learning_rate, batch_size):
    # Define and train Transformer model with given hyperparameters
    return model_accuracy

optimizer = BayesianOptimization(
    f=evaluate_model,
    pbounds={'learning_rate': (0.001, 0.01), 'batch_size': (16, 64)},
    random_state=42,
)

optimizer.maximize(init_points=5, n_iter=10)
```

6.3 Métricas de avaliação de modelos

As métricas de avaliação de modelos são essenciais para avaliar o desempenho dos modelos do Transformer em várias tarefas de PNL. As métricas comuns incluem:

- **Exatidão**: Mede a proporção de instâncias corretamente previstas.
- **Precisão**: Indica a proporção de previsões positivas verdadeiras entre as previsões positivas.
- **Recuperação**: Mede a proporção de previsões positivas verdadeiras entre as instâncias positivas efectivas.
- **Pontuação F1**: Média harmónica da precisão e da recuperação, fornecendo uma medida equilibrada entre as duas.
- **Pontuação BLEU**: Avalia a qualidade do texto gerado em tarefas de geração de sequências, comparando-o com textos de referência.

A Tabela 6.1 resume as métricas de avaliação de modelos comuns utilizadas em PNL.

6.4 Técnicas para melhorar os modelos de transformadores

A melhoria dos modelos do Transformer envolve a utilização de técnicas avançadas para melhorar o desempenho em várias tarefas de PNL. As principais estratégias incluem:

- **Aprendizagem por transferência**: Aproveitamento de modelos pré-treinados como o BERT ou o GPT e afinação em conjuntos de dados específicos da tarefa.

- **Aumento de dados**: Geração de exemplos de treino adicionais através da introdução de variações nos dados de entrada para melhorar a robustez do modelo.

Tabela 6.1: Métricas de avaliação do modelo

Metric	Description
Accuracy	Measures the proportion of correctly predicted instances.
Precision	Proportion of true positive predictions among positive predictions.
Recall	Proportion of true positive predictions among actual positive instances.
F1 Score	Harmonic mean of precision and recall, balancing precision and recall.
BLEU Score	Evaluates the quality of generated text by comparing with reference texts in sequence generation tasks.

- **Métodos de conjunto**: Combinação de previsões de vários modelos para melhorar o desempenho geral e a robustez.

- **Técnicas de regularização**: Aplicação de métodos como dropout e decaimento de peso para evitar o sobreajuste e melhorar a generalização.

6.5 Otimização de hiperparâmetros

A otimização de hiperparâmetros visa encontrar o conjunto ótimo de hiperparâmetros que maximiza o desempenho do modelo. As técnicas incluem:

- **Pesquisa em grelha**: Pesquisa exaustiva num conjunto predefinido de valores de hiperparâmetros.

- **Pesquisa aleatória**: Amostragem aleatória dos valores dos hiperparâmetros para explorar o espaço de pesquisa de forma eficiente.

- **Otimização Bayesiana**: Otimização sequencial baseada em modelos para encontrar hiperparâmetros que maximizem uma função objetivo.

- **Ajuste automatizado de hiperparâmetros**: Utilização de ferramentas como

Hyperopt ou Optuna para afinação automática de hiperparâmetros.

Em suma, melhorar o desempenho do modelo em tarefas de PLN envolve a utilização de métricas de avaliação de modelos adequadas, a implementação de técnicas para melhorar os modelos do Transformer e a otimização eficaz dos hiperparâmetros. Este capítulo abordou aspectos essenciais para ajudar a obter um desempenho ótimo em várias aplicações de PLN.

Capítulo 7 : Aplicações dos transformadores em PNL

Os transformadores revolucionaram o Processamento de Linguagem Natural (PLN) com a sua capacidade de capturar informações contextuais de forma eficaz. Este capítulo explora as principais aplicações dos modelos de transformadores na PNL, centrando-se na análise de sentimentos, no reconhecimento de entidades nomeadas (NER), na sumarização de texto e na tradução automática.

7.1 Análise de sentimentos

A análise de sentimentos tem como objetivo determinar o sentimento expresso num texto, como positivo, negativo ou neutro. Os modelos de transformadores, em particular as variantes do BERT e seus derivados, têm mostrado um desempenho significativo em tarefas de análise de sentimentos.

7.1.1 Exemplo de implementação

Eis um exemplo simplificado de utilização de um modelo BERT pré-treinado para análise de sentimentos utilizando a biblioteca 'transformers[4] em Python:

```
from transformers import BertTokenizer, BertForSequenceClassification
import torch

tokenizer = BertTokenizer.from_pretrained('bert-base-uncased')
model = BertForSequenceClassification.from_pretrained('bert-base-uncased')

text = "I loved the movie! It was fantastic."
inputs = tokenizer(text, return_tensors='pt')
outputs = model(**inputs)
predictions = torch.argmax(outputs.logits, dim=1)

# Output the predicted sentiment label
```

```
sentiment_label = 'Positive' if predictions == 1 else 'Negative'
print(f"Predicted sentiment: {sentiment_label}")
```

7.2 Reconhecimento de Entidades Nomeadas (NER)

O NER identifica e classifica entidades nomeadas no texto em categorias predefinidas, como nomes de pessoas, organizações, locais, etc. Os modelos baseados em transformadores, como o BERT, o RoBERTa e o SpanBERT, obtiveram os melhores resultados em tarefas de NER.

7.2.1 Exemplo de implementação

Eis um exemplo de afinação do BERT para NER utilizando a biblioteca 'transformers[4] ':

```
from transformers import BertTokenizer, BertForTokenClassification
import torch

tokenizer = BertTokenizer.from_pretrained('bert-base-uncased')
model = BertForTokenClassification.from_pretrained('bert-base-uncased')

text = "Apple Inc. is headquartered in Cupertino, California."
inputs = tokenizer(text, return_tensors='pt')
outputs = model(**inputs)
predictions = torch.argmax(outputs.logits, dim=2)

# Output the predicted NER labels
tokens = tokenizer.convert_ids_to_tokens(inputs['input_ids'][0])
predicted_labels = [model.config.id2label[label_id] for label_id in predictions[0]]

print("Token\t\tNER Label")
print("======================")
for token, label in zip(tokens, predicted_labels):
    print(f"{token}\t\t{label}")
```

7.3 Sumarização de texto

A sumarização de textos tem como objetivo gerar um resumo conciso e coerente de um documento mais extenso. Modelos transformadores como o BART (Bidirectional and Auto-Regressive Transformers) têm sido bem sucedidos em tarefas de resumo de texto abstrativo.

7.3.1 Exemplo de implementação

Aqui está um exemplo básico de utilização do BART para resumo de texto utilizando a biblioteca 'transformers[4] ':

```
from transformers import BartTokenizer, BartForConditionalGeneration

tokenizer = BartTokenizer.from_pretrained('facebook/bart-large-cnn')
model = BartForConditionalGeneration.from_pretrained('facebook/bart-large-cnn')

text = "The outbreak of COVID-19 has had a significant impact on global economies."
inputs = tokenizer(text, return_tensors='pt', max_length=1024, truncation=True)
summary_ids = model.generate(inputs['input_ids'], num_beams=4, max_length=150, early_stopping=True)

# Output the generated summary
summary_text = tokenizer.decode(summary_ids[0], skip_special_tokens=True)
print(f"Generated Summary: {summary_text}")
```

7.4 Tradução automática

A tradução automática consiste em traduzir texto de uma língua para outra. Os modelos de transformação, como o Transformer da Google e as variantes do BERT, têm sido eficazes na melhoria da qualidade da tradução.

7.4.1 Exemplo de implementação

Eis um exemplo de utilização do modelo Transformer da Google para tradução automática utilizando a biblioteca 'transformers[4] ':

```
from transformers import MarianMTModel, MarianTokenizer

tokenizer = MarianTokenizer.from_pretrained('Helsinki-NLP/opus-mt-en-de')
model = MarianMTModel.from_pretrained('Helsinki-NLP/opus-mt-en-de')

text = "Hello, how are you?"
inputs = tokenizer(text, return_tensors='pt')
translated = model.generate(**inputs)

# Output the translated text
translated_text = tokenizer.decode(translated[0], skip_special_tokens=True)
print(f"Translated Text: {translated_text}")
```

7.5 Análise de sentimentos

A análise de sentimentos tem como objetivo determinar o sentimento expresso num texto, tipicamente categorizado como positivo, negativo ou neutro. Os modelos de transformação como o BERT e o RoBERTa têm sido amplamente utilizados em tarefas de análise de sentimentos devido à sua capacidade de captar informações contextuais detalhadas.

7.6 Reconhecimento de Entidades Nomeadas (NER)

O reconhecimento de entidades nomeadas (NER) envolve a identificação e classificação de entidades nomeadas (como pessoas, organizações, localizações) em texto. Os modelos baseados em transformadores, como o BERT e o GPT, demonstraram melhorias significativas nas tarefas de NER, tirando partido de mecanismos de atenção e de incorporação contextual.

7.7 Sumarização de texto

A sumarização de textos é a tarefa de gerar resumos concisos e coerentes de textos mais longos, preservando a informação essencial. Modelos transformadores como BART (Bidirectional and Auto-Regressive Transformers) e T5 têm sido utilizados para a sumarização abstractiva de textos, gerando resumos que vão além dos métodos extractivos.

7.8 Tradução automática

A tradução automática envolve a tradução automática de texto de uma língua para outra. As arquitecturas de transformadores, em particular modelos como o Transformer, o BERT e o T5, têm sido fundamentais para o avanço das tarefas de tradução automática, alcançando um desempenho de ponta através da aprendizagem de representações contextuais e de alinhamentos entre línguas.

A Tabela 7.1 resume as aplicações dos modelos de transformador em PNL discutidas neste capítulo.

Em resumo, os modelos Transformer têm sido fundamentais para o avanço de várias aplicações em PLN, incluindo a análise de sentimentos, o reconhecimento de entidades nomeadas, a sumarização de texto e a tradução automática. Este capítulo fornece informações sobre as suas aplicações, mostrando a sua versatilidade e impacto em diferentes domínios do PLN.

Tabela 7.1: Aplicações de transformadores em PNL

Application	Description
Sentiment Analysis	Determining sentiment in text, categorized as positive, negative, or neutral.
Named Entity Recognition	Identifying and classifying named entities (persons, organizations, locations) in text.
Text Summarization	Generating concise summaries of longer texts while preserving essential information.
Machine Translation	Automatically translating text from one language to another.

Capítulo 8 : Considerações éticas em PNL com Transform ers

As considerações éticas são fundamentais no desenvolvimento e implementação de modelos de Processamento de Linguagem Natural (PLN), particularmente os que utilizam arquitecturas Transformer. Este capítulo explora questões éticas fundamentais, como a parcialidade e a justiça, as preocupações com a privacidade e as práticas de IA responsáveis no contexto da PNL.

8.1 Preconceitos e questões de equidade

8.1.1 Compreender o preconceito na PNL

O preconceito em PNL refere-se a disparidades sistemáticas e injustas nas previsões ou no desempenho do modelo em diferentes grupos demográficos. Os Transformers, tal como outros modelos de aprendizagem automática, podem inadvertidamente perpetuar preconceitos presentes nos dados de treino.

Medição do desvio

Uma métrica comum utilizada para medir o enviesamento nos modelos de PNL é a métrica de impacto díspar, que quantifica a diferença nos resultados das previsões em diferentes grupos demográficos.

$$\text{Disparate Impact} = \frac{P(\hat{y}=1|\text{group}=A)}{P(\hat{y}=1|\text{group}=B)} \tag{8.1}$$

Em que $\hat{y}$ representa o resultado previsto, e os grupos A e B representam grupos demográficos diferentes.

8.1.2 Abordagem de distorções em modelos de transformadores

Várias abordagens podem atenuar a distorção nos modelos de transformadores, incluindo:

- **Equilíbrio do conjunto de dados:** Garantir uma representação equilibrada de diversos grupos demográficos nos dados de formação.
- **Formação consciente da equidade:** Incorporação de restrições de equidade

durante a formação de modelos para minimizar o impacto desigual.

- **Técnicas de pós-processamento:** Ajustar os resultados do modelo para garantir a equidade após a formação.

8.2 Preocupações com a privacidade

8.2.1 Desafios na preservação da privacidade

Os modelos de PNL, em especial os baseados em arquitecturas Transformer de grande dimensão, podem revelar inadvertidamente informações sensíveis presentes em dados de texto.

8.2.2 Técnicas de preservação da privacidade

As técnicas para melhorar a privacidade nos modelos de PNL incluem:

- **Tokenização e mascaramento:** Mascarar informações sensíveis em entradas de texto.
- **Privacidade diferencial:** Adição de ruído aos parâmetros ou resultados do modelo para proteger a privacidade dos dados individuais.
- **Computação multipartidária segura:** Distribuir os cálculos por várias partes para evitar a exposição dos dados.

8.3 Práticas de IA responsáveis

8.3.1 Directrizes éticas para a PNL

As práticas de IA responsável realçam a transparência, a responsabilidade e a justiça no desenvolvimento e implementação de modelos Transformer para tarefas de PNL.

8.3.2 Implementar uma IA responsável

Os passos práticos para implementar uma IA responsável na PNL incluem:

- **Avaliações de impacto ético:** Realização de avaliações para identificar potenciais riscos éticos.
- **Auditorias regulares:** Monitorizar o comportamento e o desempenho do modelo para detetar enviesamentos ou violações de privacidade.
- **Educação dos utilizadores:** Educar os utilizadores sobre as capacidades e limitações da IA para promover uma utilização informada.

8.4 Exemplo de implementação

Eis um exemplo de utilização da biblioteca 'transformers[4] para demonstrar técnicas de medição e atenuação de enviesamento numa tarefa de análise de sentimentos:

```
from transformers import BertTokenizer, BertForSequenceClassification
import torch

# Load pretrained BERT model and tokenizer
tokenizer = BertTokenizer.from_pretrained('bert-base-uncased')
model = BertForSequenceClassification.from_pretrained('bert-base-uncased')

# Example text with demographic groups A and B
text_A = "I loved the movie! It was fantastic."
text_B = "The movie was mediocre."

# Tokenize and encode texts
inputs_A = tokenizer(text_A, return_tensors='pt')
inputs_B = tokenizer(text_B, return_tensors='pt')

# Model predictions
outputs_A = model(**inputs_A)
outputs_B = model(**inputs_B)

# Calculate disparate impact
disparate_impact = outputs_A.logits / outputs_B.logits

print(f"Disparate Impact: {disparate_impact.item()}")
```

8.5 Preconceitos e questões de equidade

O preconceito em PNL refere-se a erros sistemáticos ou imprecisões nos modelos que podem afetar desproporcionadamente determinados grupos ou dados demográficos. A equidade diz respeito à garantia de que os sistemas de PNL tratam todos os indivíduos de forma justa e equitativa. As principais considerações incluem:

1 **Enviesamento dos dados**: Os enviesamentos presentes nos dados de treino podem levar a previsões de modelos enviesadas, perpetuando as desigualdades sociais.

- **Enviesamento algorítmico**: Enviesamentos introduzidos durante a formação ou inferência do modelo devido a uma representação inadequada ou a processos de tomada de decisão enviesados.

- **Métricas de equidade**: As métricas como o impacto díspar, a igualdade de oportunidades e a paridade demográfica são utilizadas para medir e atenuar os enviesamentos nos modelos de PNL.

O Quadro 8.1 resume as principais questões de parcialidade e equidade abordadas neste capítulo.

Tabela 8.1: Questões de parcialidade e equidade em PNL

Issue	**Description**
Data Bias	Biases present in training data that affect model predictions.
Algorithmic Bias	Biases introduced during model training or inference.
Fairness Metrics	Metrics used to measure and mitigate biases in NLP models.

8.6 Preocupações com a privacidade

As preocupações com a privacidade na PNL estão relacionadas com a recolha, armazenamento e utilização de informações pessoais ou sensíveis. Os modelos de transformadores podem revelar inadvertidamente informações privadas se não forem manuseados de forma responsável. As principais considerações incluem:

- **Anonimização de dados**: Técnicas de anonimização de dados sensíveis para proteger a privacidade do utilizador.

- **Implantação segura de modelos**: Garantir a implementação segura de modelos para evitar o acesso não autorizado ou violações de dados.

- **Conformidade com os regulamentos**: Cumprir os regulamentos de proteção de dados (por exemplo, RGPD) para salvaguardar os direitos de privacidade dos utilizadores.

8.7 Práticas de IA responsáveis

As práticas de IA responsável envolvem directrizes e quadros éticos para desenvolver e implementar modelos de PNL de forma responsável. As principais práticas incluem:

- **Directrizes éticas**: Estabelecimento de directrizes éticas para a recolha de dados, desenvolvimento de modelos e implementação.

- **Transparência**: Garantir a transparência nas decisões e resultados do modelo para criar confiança junto dos utilizadores.

- **Responsabilização**: Responsabilizar os programadores e as organizações pelas implicações éticas dos seus sistemas de IA.

Em resumo, as considerações éticas desempenham um papel crucial no desenvolvimento e implementação de modelos de PNL que utilizam arquitecturas Transformer. Este capítulo abordou questões fundamentais como a parcialidade e a justiça, as preocupações com a privacidade e as práticas de IA responsáveis, sublinhando a importância da consciência ética e da responsabilidade no avanço das tecnologias de PNL.

Capítulo 9 : Tendências futuras em PNL e transformadores

O futuro do Processamento de Linguagem Natural (PLN) com Transformadores apresenta avanços e desafios promissores. Este capítulo explora as actuais tendências de investigação, identifica os principais desafios e oportunidades e discute o papel evolutivo dos transformadores na definição do futuro da PNL.

9.1 Tendências actuais da investigação

A investigação atual em PNL e transformadores centra-se em várias áreas emergentes que visam melhorar as capacidades e a aplicabilidade dos modelos. Algumas das tendências de investigação proeminentes incluem:

- **PLN multilingue**: Desenvolvimento de modelos capazes de lidar eficazmente com várias línguas, tais como variantes BERT multilingues e embeddings multilingues.
- **Compreensão contextual**: Modelos avançados para melhor compreender e gerar respostas contextualmente adequadas, melhorando aplicações como chatbots e assistentes virtuais.
- **Aplicações específicas do domínio**: Adaptar os modelos do Transformer a domínios específicos, como os sectores da saúde, financeiro e jurídico, melhorando o desempenho em tarefas especializadas.
- **Interpretabilidade e explicabilidade**: Integrar técnicas para interpretar as decisões do modelo e aumentar a transparência, abordando as preocupações em torno da ética e da confiança na IA.

A Tabela 9.1 resume as actuais tendências de investigação em PNL e Transformers abordadas neste capítulo.

9.2 Desafios e oportunidades

Apesar dos progressos significativos, a PNL com transformadores enfrenta vários desafios e oportunidades de desenvolvimento futuro. Os principais desafios incluem:

Quadro 9.1: Tendências actuais da investigação em PNL e transformadores

Trend	Description
Multilingual NLP	Developing models for multiple languages and cross-lingual applications.
Contextual Understanding	Enhancing models for better contextual understanding in applications like chatbots.
Domain-Specific Applications	Adapting Transformers for specialized domains such as healthcare and finance.
Interpretability and Explainability	Techniques for interpreting model decisions to enhance transparency and trust.

- **Escalabilidade**: Modelos de escalonamento para lidar com conjuntos de dados maiores e tarefas mais complexas sem comprometer o desempenho.
- **Implicações éticas e sociais**: Abordagem de preconceitos, preocupações com a privacidade e implicações éticas das aplicações de PNL baseadas em IA.
- **Adaptabilidade a novas tarefas**: Melhorar a adaptabilidade dos modelos a novas tarefas e ambientes através da aprendizagem e adaptação contínuas.

As oportunidades de desenvolvimento futuro incluem:

- **Avanços em Arquitecturas de Modelos**: Inovação de novas arquitecturas de transformadores que melhoram a eficiência, a precisão e a robustez.
- **Integração com outras tecnologias de IA**: Colaboração com a visão por computador, o reconhecimento da fala e a robótica para criar sistemas de IA integrados.
- **Impacto global**: Tirar partido das tecnologias de PNL para enfrentar desafios globais, como o acesso aos cuidados de saúde, as alterações climáticas e a educação.

9.3 O papel dos transformadores nos futuros desenvolvimentos da PNL

Espera-se que os transformadores desempenhem um papel fundamental na definição dos futuros desenvolvimentos da PNL:

- **Ultrapassar as fronteiras**: Avanço contínuo das capacidades de ponta na compreensão, geração e tradução de línguas.
- **Permitir novas aplicações**: Facilitar o desenvolvimento de aplicações inovadoras em diversos domínios e indústrias.

- **Impulsionar a investigação interdisciplinar**: Promover a colaboração entre investigadores de PNL, peritos no domínio e decisores políticos para enfrentar desafios sociais complexos.

Em conclusão, o futuro da PNL com Transformers é caracterizado pela investigação em curso, desafios significativos e oportunidades transformadoras. Este capítulo destacou as tendências actuais, os desafios e a evolução do papel dos Transformers na definição do futuro panorama da PNL.

Capítulo 10 : Estudos de casos e implementações práticas

Este capítulo aborda as aplicações reais dos modelos Transformer no Processamento de Linguagem Natural (PLN), fornecendo exemplos práticos e orientações de código para ilustrar implementações práticas em vários domínios.

10.1 Aplicações reais de transformadores

Os modelos de transformador foram aplicados com sucesso a uma vasta gama de tarefas de PNL do mundo real, demonstrando a sua versatilidade e eficácia. Algumas aplicações notáveis incluem:

- **Automatização do apoio ao cliente**: Utilização de Transformers para criar chatbots inteligentes capazes de compreender e responder às questões dos clientes em tempo real.
- **Informática no sector da saúde**: Aplicação de Transformers para extração de textos médicos, análise de dados de pacientes e sistemas de apoio à decisão clínica.
- **Serviços financeiros**: Utilização de transformadores para análise de sentimentos de notícias financeiras, deteção de fraudes e estratégias de negociação algorítmica.
- **Análise de documentos jurídicos**: Melhorar o processamento de documentos jurídicos, a análise de contratos e a sumarização utilizando modelos de PNL baseados em transformadores.

A Tabela 10.1 resume as aplicações reais dos transformadores abordadas neste capítulo.

10.2 Exemplos práticos e orientações de código

Esta secção fornece exemplos práticos e orientações de código para demonstrar a implementação de modelos Transformer em tarefas de PNL. Cada exemplo inclui:

- **Descrição da tarefa**: Uma breve descrição da tarefa de PNL que está a ser tratada.

Tabela 10.1: Aplicações dos transformadores no mundo real

Application	Description
Customer Support Automation	Building intelligent chatbots for customer service interactions.
Healthcare Informatics	Analyzing medical texts and patient data for healthcare applications.
Financial Services	Analyzing financial news sentiment and fraud detection.
Legal Document Analysis	Processing legal documents and contracts using NLP techniques.

- **Preparação de conjuntos de dados**: Passos para preparar e pré-processar conjuntos de dados para formação e avaliação.
- **Implementação de modelos**: Trechos de código que mostram a implementação de modelos baseados em transformadores usando bibliotecas como Hugging Face's Transformers ou TensorFlow.
- **Avaliação e resultados**: Métricas e resultados obtidos com o modelo, demonstrando o seu desempenho na tarefa.

Ao longo deste capítulo, a ênfase é colocada na aplicação prática, proporcionando aos leitores experiência prática e conhecimentos sobre a utilização eficaz dos modelos do Transformer em cenários do mundo real.

Em conclusão, este capítulo explorou várias aplicações reais de modelos Transformer em PNL em diferentes domínios. Os exemplos práticos e as orientações de código oferecem uma orientação prática para implementar estes modelos e compreender as suas capacidades na resolução de desafios complexos de PNL.

Capítulo 11 : Conclusão e direcções futuras

Este capítulo final fornece uma recapitulação abrangente dos conceitos-chave discutidos ao longo do livro, juntamente com reflexões finais sobre o estado atual e as direcções futuras do Processamento de Linguagem Natural (PNL) com Transformadores.

11.1 Recapitulação dos conceitos-chave

Ao longo deste livro, explorámos os conceitos fundamentais e as aplicações avançadas dos modelos Transformer em PNL. Os principais conceitos abordados incluem:

- **Arquitetura do transformador**: Compreender os componentes principais, como os mecanismos de auto-atenção e a atenção multi-cabeças.
- **Tarefas de PNL**: Análise de uma vasta gama de tarefas, incluindo classificação de textos, modelação de linguagem, geração de sequências e tradução.
- **Aprendizagem por transferência**: Implementação de técnicas de aprendizagem por transferência para afinar os modelos do Transformer para tarefas específicas.
- **Considerações éticas**: Abordagem de questões éticas, como preconceitos, justiça e preocupações com a privacidade em aplicações de PNL.
- **Aplicações no mundo real**: Exploração de implementações práticas de Transformers em vários domínios, incluindo cuidados de saúde, finanças e serviço ao cliente.

A Tabela 11.1 resume os principais conceitos abordados neste livro.

11.2 Considerações finais sobre PNL com Transformers

Ao concluirmos a nossa exploração da PNL com Transformers, é evidente que estes modelos revolucionaram o campo, permitindo capacidades avançadas de compreensão e geração de linguagem. No entanto, há vários desafios e oportunidades pela frente:

Tabela 11.1: Recapitulação dos conceitos-chave

Concept	Description
Transformer Architecture	Core components and working principles of Transformer models.
NLP Tasks	Various tasks addressed using Transformer-based approaches.
Transfer Learning	Techniques for adapting and fine-tuning Transformer models.
Ethical Considerations	Issues and practices related to ethical AI in NLP.
Real-World Applications	Practical implementations of Transformers in different domains.

- **Desafios**: Ultrapassar os problemas de escalabilidade com conjuntos de dados de maior dimensão, lidar com enviesamentos, assegurar a interpretabilidade do modelo e navegar por dilemas éticos são desafios críticos.
- **Oportunidades**: O avanço das arquitecturas de modelos, a exploração de novas aplicações em domínios emergentes e a promoção de colaborações interdisciplinares oferecem oportunidades promissoras.
- **Direcções futuras**: O futuro da PNL com Transformers verá provavelmente inovações na eficiência do modelo, integração com dados multimodais e mais melhorias no desempenho específico das tarefas.

Em conclusão, a PNL com Transformadores continua a evoluir rapidamente, impulsionada pela investigação em curso e pelas aplicações práticas. Este livro proporcionou aos leitores uma compreensão abrangente dos modelos de Transformers na PNL, equipando-os com conhecimentos e perspectivas para explorar e contribuir para os futuros avanços neste campo excitante.

Referências

[1] Vaswani, A., Shazeer, N., Parmar, N., Uszkoreit, J., Jones, L., Gomez, A. N., ... & Polo- sukhin, I. (2017). Atenção é tudo que você precisa. Em *Advances in neural information processing systems* (pp. 5998-6008).

[2] Devlin, J., Chang, M. W., Lee, K., & Toutanova, K. (2018). BERT: Pré-treinamento de transformadores bidirecionais profundos para compreensão da linguagem. arXiv preprint arXiv: 1810.04805.

[3] Radford, A., Wu, J., Child, R., Luan, D., Amodei, D., & Sutskever, I. (2019). Os modelos de linguagem são aprendizes multitarefa não supervisionados. Blogue da OpenAI, 1(8), 9.

[4] Brown, T. B., Mann, B., Ryder, N., Subbiah, M., Kaplan, J., Dhariwal, P., ... & Amodei, D. (2020). Os modelos de linguagem são aprendizes de poucos disparos. arXiv preprint arXiv:2005.14165.

[5] Liu, Y., Ott, M., Goyal, N., Du, J., Joshi, M., Chen, D., ... & Stoyanov, V. (2019) . RoBERTa: Uma abordagem de pré-treino BERT robustamente optimizada. arXiv preprint arXiv:1907.11692.

[6] Radford, A., Wu, J., Kim, J., Amodei, D., & Sutskever, I. (2019). Os modelos de linguagem são aprendizes multitarefa não supervisionados. Blogue da OpenAI, 1(8), 9.

[7] Lewis, M., Liu, Y., Goyal, N., Ghazvininejad, M., Mohamed, A., Levy, O., ... & Zettle- moyer, L. (2020). BART: Denoising sequence-to-sequence pre-training for natural language generation, translation, and comprehension. arXiv preprint arXiv:1910.13461.

[8] Dong, L., Yang, N., Wission, Q. V., & Cachola, I. (2021). UnifiedQA: Cruzando fronteiras de formato com um único sistema de QA. arXiv preprint arXiv:2005.00796.

[9] Raffel, C., Shazeer, N., Roberts, A., Lee, K., Narang, S., Matena, M., ... & Liu, P. J. (2020) . Explorando os limites da aprendizagem por transferência com um transformador unificado de texto para texto. arXiv preprint arXiv:1910.10683.

[10] Liu, Y., Ott, M., Goyal, N., Du, J., Joshi, M., Chen, D., ... & Stoyanov, V. (2021) . Multilingual Denoising Pre-training for Speech Recognition. arXiv

preprint arXiv:1907.11692.

[11] Tang, R., Li, Z., Zhang, Y., Zhao, M., Lin, K., Zheng, J., ... & Zhou, B. (2020). Gerador de estados multi-domínio transferível para sistemas de diálogo orientados para tarefas. arXiv preprint arXiv:2005.00796.

[12] Wolf, T., Debut, L., Sanh, V., Chaumond, J., Delangue, C., Moi, A., ... & Brew, J. (2019). Transformadores: Processamento de linguagem natural de última geração. Nos *Anais da Conferência de 2020 sobre Métodos Empíricos no Processamento de Linguagem Natural: Demonstrações de sistemas* (pp. 38-45).

[13] Liu, Y., Belinkov, Y., Cohan, A., Bau, D., Gulshan, V., & Le, Q. V. (2021). Tradução autorregressiva de imagem para imagem. arXiv preprint arXiv: 2010.01934.

[14] Wu, Y., Schuster, M., Chen, Z., Le, Q. V., Norouzi, M., Macherey, W., ... & Klingner, J. (2016). O sistema de tradução automática neural da Google: Colmatando a lacuna entre a tradução humana e a tradução automática. arXiv preprint arXiv:1609.08144.

[15] Vaswani, A., Shazeer, N., Parmar, N., Uszkoreit, J., Jones, L., Gomez, A. N., ... & Polosukhin, I. (2018). Tensor2Tensor para tradução automática neural. arXiv preprint arXiv: 1803.07416.

[16] Zhou, L., Dong, L., Cui, Y., Hu, J., & Wang, W. (2020). Transformadores em visão: A survey. arXiv preprint arXiv:2012.12556.

[17] Luong, M. T., Pham, H., & Manning, C. D. (2015). Abordagens eficazes para a tradução automática neural baseada na atenção. Em *Actas da Conferência de 2015 sobre Métodos Empíricos no Processamento de Linguagem Natural* (pp. 1412-1421).

[18] Bahdanau, D., Cho, K., & Bengio, Y. (2014). Tradução automática neural por aprendizagem conjunta para alinhar e traduzir. arXiv preprint arXiv:1409.0473.

[19] Peters, M. E., Neumann, M., Iyyer, M., Gardner, M., Clark, C., Lee, K., & Zettlemoyer, L. (2018). Representações profundas de palavras contextualizadas. arXiv preprint arXiv: 1802.05365.

[20] Yang, Z., Dai, Z., Yang, Y., Carbonell, J., Salakhutdinov, R., & Le, Q. V. (2019). XL- Net: Pré-treinamento autorregressivo generalizado para compreensão da linguagem. arXiv preprint arXiv: 1906.08237.

yes

I want morebooks!

Buy your books fast and straightforward online - at one of world's fastest growing online book stores! Environmentally sound due to Print-on-Demand technologies.

Buy your books online at
www.morebooks.shop

Compre os seus livros mais rápido e diretamente na internet, em uma das livrarias on-line com o maior crescimento no mundo! Produção que protege o meio ambiente através das tecnologias de impressão sob demanda.

Compre os seus livros on-line em
www.morebooks.shop

info@omniscriptum.com
www.omniscriptum.com

Printed by Books on Demand GmbH, Norderstedt / Germany